CASOS CLÍNICOS EN URGENCIAS

J. Callao Buatas,

E. Lacruz López,

S. Martínez Delgado,

I. González Salvatierra,

L.M. Álvarez de la Fuente

ISBN 978-1-4716-9529-2

Título: CASOS CLÍNICOS EN URGENCIAS
Autores: J. Callao Buatas, E. Lacruz López, S. Martínez Delgado, I.
González Salvatierra, L.M. Álvarez de la Fuente

Idioma: Castellano
Lulu Publishing
Impreso en España.

"El tiempo es la mejor medicina"

Cicerón

ÍNDICE

I.- DISNEA Y PERICARDITIS CONSTRICTIVA DE CAUSA INFECCIOSA

L.M. Álvarez de la Fuente , J. Callao Buatas, E. Lacruz López, S. Martínez Delgado, I. González Salvatierra,

HISTORIA CLÍNICA

Paciente de 47 años de edad, sin antecedentes medico-quirúrgicos de interés que acude por mal estado general y disnea de pequeños esfuerzos con ortopnea en la última noche, acompañada de tos importante sin expectoración. La paciente sólo resalta un discreto aumento de edemas en extremidades inferiores que relaciona con el abandono de uso de medias compresivas en la última semana.

EXPLORACIÓN FÍSICA

A su llegada Urgencias la paciente se encuentra hipotensa (TA 90/60), con palidez cutáneo-mucosa y sudoración fría, impresionando de gravedad.
Auscultación cardiaca: rítmico con tonos apagados. No roce pericárdico audible.
Auscultación pulmonar: crepitantes bilaterales.
Abdomen: blando, depresible, no doloroso. Peristaltismo positivo, no signos de irritación peritoneal. Blumberg negativo.
Puño-percusión renal negativa.
Durante la exploración destaca disnea importante con el decúbito.
Extremidades Inferiores: edemas ++/+++, no signos de TVP

PRUEBAS COMPLEMENTARIAS

ECG: Ritmo sinusal a 120x´ con aplanamiento de la onda T
Rx de Tórax: derrame pleural bilateral con aumento de hilios
vasculares. Discreta cardiomegalia
Bioquímica: Creatinina 1.50, Urea 72, resto sin alteraciones
Hemograma: 29.000 Leucos (85% Neutrófilos), Dímero-D 1543,
resto sin alteraciones.

Con el diagnostico de sospecha de TEP se solicito TAC
Torácico, que fue informado de derrame pericárdico importante
con derrame pleural bilateral y descartando TEP.

La paciente fue ingresada en Cardiología, donde se completó
estudio del derrame mediante Ecocardiograma y punción
pericárdica, donde destacó ADA alta (>45 U/ml). Ante la
sospecha de derrame pericárdico tuberculoso, se realizó Mantoux
(positivo), aislándose posteriormente el bacilo de Koch, por lo
que se inició tratamiento antituberculoso, con buena evolución
posterior y desaparición del derrame.

DISCUSIÓN

"El Taponamiento Cardíaco es un síndrome producido por un
aumento de la presión intracardíaca secundaria a la acumulación
de líquido dentro del espacio pericárdico, lo que dificulta el
llenado de la cavidades cardíacas y disminuye el gasto cardíaco."
El diagnostico diferencial debemos establecerlo con las
pericarditis idiopática o viral, la pericarditis purulenta, la
pericarditis urémica, la pericarditis postinfarto, la pericarditis
neoplásica, la postirradiación, por enfermedad autoinmune, la
Tuberculosa y por VIH.
La pericarditis primaria por TBC puede representar mas del 5%

6

de las pericarditis agudas primarias en nuestro medio (superior en zonas con alta prevalencia), asociándose derrame pericárdico frecuentemente y taponamiento hasta en el 60% de los casos. Por otra parte, la Tuberculosis puede debutar de muy variadas maneras, incluyendo alteraciones hematológicas (anemia, leucocitosis, monocitosis, trombopenia y trombocitosis...), púrpura leucocitoclástica, y también como una pericarditis tal y como fue nuestro caso.

Creemos que es necesario conocer las posibles complicaciones y clínica asociada a nivel cardíaco con la Tuberculosis para todo médico de Urgencias, de ahí el interés de este caso.

II.- ISQUEMIA ARTERIAL AGUDA DE EXTREMIDAD INFERIOR POR INFARTO AGUDO DE MIOCARDIO

L.M. Álvarez de la Fuente , J. Callao Buatas, E. Lacruz López, S. Martínez Delgado, I. González Salvatierra,

HISTORIA CLÍNICA

Paciente de 72 años de edad, con antecedente de Diabetes Mellitus tipo I, dislipemia e hipertensión, en tratamiento con Insulina, ARAII y estatina.
El paciente refiere, tras la cena, frialdad y dolor intenso en extremidad inferior dcha, que aumenta con la movilización de la misma, por lo que es traído a Urgencias en ambulancia convencional a las 2 horas del comienzo de la clínica

EXPLORACIÓN FÍSICA

A su llegada Urgencias el paciente se encuentra hipotenso (TA 80/50), con palidez cutáneo-mucosa y sudoración fría, impresionando de gravedad.
Auscultación cardiaca: Rítmico a 50x´, sin auscultar soplos.
Auscultación pulmonar: crepitantes finos bilaterales.
Abdomen: blando, depresible, no doloroso. Peristaltismo positivo, no signos de irritación peritoneal. Blumberg negativo.
Puño-percusión renal negativa.
Pulsos radiales positivos y simétricos
Ausencia de pulso femoral en extremidad inferior dcha, que se encuentra fría y con palidez importante, con signos de hipo perfusión.

PRUEBAS COMPLEMENTARIAS

ECG: Rítmico a 50x´ con QRS ancho, sin objetivarse p
Rx de Tórax: derrame pleural bilateral con aumento de hilios
vasculares. Discreta cardiomegalia
Bioquímica: Glucosa 220, Creatinina 1.70, Urea 72.
Gasometría: pH 7.25, Bicarbonato 19, pCO2 y PO2 normales,
exceso de base -7

Hemograma: 12.000 Leucos (85% Neutrófilos), Dímero-D 500,
resto sin alteraciones.
Coagulación: sin alteraciones
Enzimas cardiacas: sin alteraciones

Con el diagnostico de sospecha de Isquemia arterial aguda vs
disección aórtica, se solicita TAC Toraco-Abdominal Urgente,
que informo de hipo perfusión de Extremidad inferior dcha en
relación a colapso de art femoral por bajo gasto, e hipoquinesia
cardiaca generalizada.

Con el diagnóstico de sospecha de Infarto Agudo de Miocardio
con bloqueo de Rama Izquierda en el ECG, se inició el protocolo
de cateterismo urgente, en que se observo estenosis significativa
del tronco proximal común y coronaria dcha, con implantación
de 3 stents y paso a UCI

DISCUSIÓN

La presentación de un síndrome coronario agudo silente en los
pacientes diabéticos es un hecho bien conocido y documentado
en la bibliografía medica, si bien su presentación como una
isquemia arterial aguda es mucho mas infrecuente.
En nuestro caso, fue el TAC el método diagnostico que nos
ayudo a establecer el diagnóstico y tratamiento adecuados para la
patología base de nuestro paciente, permitiendo una reperfusión
miocárdica temprana y posterior recuperación satisfactoria de la

extremidad inferior.

Además, había otros signos indirectos que apuntaban a una posible causa miocárdica del problema, como eran una bradicardia con QRS ancho (no conocido previamente, como se puedo comprobar a posteriori) y signos de redistribución vascular en la radiografía.

III.- FARINGOAMIGDALITIS COMO PRESENTACION DE UN SINDROME LINFOPROLIFERATIVO.

E. Lacruz López, S. Martínez Delgado, I. González Salvatierra, J. Callao Buatas, L.M. Álvarez de la Fuente

HISTORÍA CLÍNICA

Paciente de raza caucásica de 22 años de edad, que presenta como únicos antecedentes depresión reactiva tras la muerte de su padre, en tratamiento con Rexer y Zyprexa desde hace 3 meses, y alergia a las Sulfamidas.

Acude a Urgencias de nuestro hospital por presentar desde hace 24 horas vómitos alimenticios y dolor abdominal. Refiere que desde hace un mes está en tratamiento, pautado por su Medico de Atención Primaria, con ATB (ha sido modificado en 3 ocasiones) y AINES (desde hace 5 días asociados a Dacortín 5 por falta de mejoría) por una amigdalitis que no termina de curar, y que ha ido empeorando progresivamente. Presenta desde hace 15 días fiebre de 38°C, astenia, anorexia, odinofagia que ha evolucionado a disfagia y, desde hace 3 días, epistaxis espontánea y hemorragia gingival leve.

EXPLORACIÓN FÍSICA

En Urgencias se realiza exploración física con los siguientes resultados:

Presenta palidez de piel y mucosas, consciente y orientado, adenopatías laterocervicales múltiples, duras, de 0,5-1 cm de diámetro, con amígdalas hipertróficas.

Auscultación cardiaca: Rítmico a 82 latidos por minuto, con soplo sistólico leve.

Auscultación pulmonar: Sin alteraciones.

Abdomen: blando, depresible, doloroso en hipocondrio derecho. Peristaltismo positivo. Hepatomegalia de 2 traveses, palpándose polo de bazo y múltiples adenopatías inguinales no dolorosas a la palpación.

EEII: sin alteraciones, no se observan petequias.

PRUEBAS COMPLEMENTARIAS

Analítica: Hematíes 2.47 mill/m3, Hemoglobina 9.3 g/dL, Hematocrito 25.5%, VCM 103.3 fl, Leucocitos 193.00 mil/mm3 (85.30% Neutrófilos, 4.60% Linfocitos), Plaquetas 20 mil/mm3, resto y bioquímica sin alteraciones. Monosticón +.

Rx tórax: sin alteraciones.

Rx abdomen: sin alteraciones.

ECG: ritmo sinusal a 72 latidos por minuto.

Extensión de sangre periférica: Hiperleucocitosis. Bicitopenia. Se observa un 40% de blastos de tamaño heterogéneo, con rasgos de diferenciación monocitoide acompañados por monocitos de gran tamaño e hipervacuolados. Marcado disgranulopoyesis. Metaeosinófilos con metacromasia. Mielemia 1%. Eritroblastos circulantes. Distrombopoyesis.

EVOLUCIÓN

Fue ingresado en el Servicio de Hematología, con el diagnóstico de probable Leucemia Aguda. En planta se confirmo el diagnostico inicial, y clasificándose como Leucemia Aguda No Linfoblástica (LANL) M4 con eosinofilia (FAB).

DISCUSION

Los síntomas más frecuentes en los pacientes con LANL son la afectación del estado general, fiebre (30-80%), manifestaciones hemorrágicas en piel o mucosas (40%), hepatomegalia y/o esplenomegalia (33%), adenopatías con hipertrofia gingival o infiltración amigdalar (25%), e infección concomitante en el momento del diagnostico (40%). En nuestro paciente, además de poder encontrar todos los síntomas anteriormente citados, debe señalarse que estaba en tratamiento con Rexer y Zyprexa, pudiendo alterar ambos la fórmula leucocitaria, por lo que se recomiendan controles analíticos frecuentes.

Por todo lo expuesto, desde Atención Primaria se debería haber solicitado una analítica con hemograma y bioquímica, que habría acelerado el diagnóstico. La banalización de la patología en los pacientes más jóvenes nos puede llevar a demorar enormemente el diagnóstico de patología graves o muy graves como la que nos ocupa.

IV.- AGRANULOCITOSIS FARMACOLÓGICA, MAS FRECUENTE DE LO QUE PARECE.

E. Lacruz López, S. Martínez Delgado, I. González Salvatierra, J. Callao Buatas, L.M. Álvarez de la Fuente

HISTORIA CLÍNICA

Paciente de 47 años sin alergias medicamentosas conocidas, con antecedentes de hipertiroidismo con bocio difuso multinodular en tratamiento desde hace dos meses con Tirodril

Acude a urgencias por presentar urticaria tras cenar pescado, disminución de peso en los últimos meses y faringitis aguda con fiebre que no ha remitido a pesar de tratamiento antibiótico con amoxicilina-clavulánico.

EXPLORACIÓN FÍSICA

En Urgencias se realiza exploración física con los siguientes resultados: Mal estado general, palidez cutáneo-mucosa. Eupneica, Glasgow 15. Fiebre de 39°C. Aftas bucales, faringitis purulenta, adenopatías cervicales bilaterales.

Auscultación cardiorrespiratoria, abdomen y extremidades normales.

PRUEBAS COMPLEMENTARIAS

Hemograma: Hb 7,3 g/dl. VCM 73fl. Leucocitos 1400/mm^3 con 1% de neutrófilos. Plaquetas;516000/mm^3. VSG; 103.
Poblaciones linfoides con depleción de poblaciones B y T pero cociente T4/T8 conservado.

Bioquímica: Sin alteraciones significativas

Sistemático de orina normal

Rx Tórax: afectación intersticial medio-basal bilateral.

EVOLUCIÓN

A pesar del tratamiento empírico con Antibióticos y estimulantes de las colonias granulocíticas la evolución es desfavorable, con deterioro progresivo de su estado clínico.

Se practicó Biopsia-Aspirado de Médula Ósea detectando ausencia de serie mieloide, conservación de serie roja e hiperplasia megacariocítica.

Se diagnosticaron las siguientes coinfecciones: En mucosa anal y perianal; Cándida Álbicans. E. Coli, Cándida glabrata Cultivo de esputos: Acinetobácter baumannii y Streptococcus pneumoniae

Resumen de la evolución durante el ingreso: La paciente padece un estado de gravedad con estertores pulmonares, broncoespasmo, rectorragias, estado séptico, y alteración de la conciencia y conducta. Modificamos el tratamiento antibiótico y antifúngico, instaurando nutrición parenteral y transfusión de 5 concentrados de hematíes. A los 20 días del ingreso se inició una lenta recuperación y en 10 días sale de la gravedad

Diagnóstico principal: Agranulocitosis por tiamazol

DISCUSIÓN

El Tiamazol (Tirodril) es el antitiroideo mas utilizado en nuestro país, si bien sus efectos secundarios son poco conocidos por la mayoría de los médicos. Una vez mas nos encontramos ante una Reacción Adversa Medicamentosa (RAM) que no fue diagnosticada a tiempo, y que supuso un importante riesgo vital para el paciente, ya que su síntomas fueron banalizados tanto por su Medico de Atención Primaria (MAP)como en las visitas previas al Servicio de Urgencias de nuestro hospital. Una correcta anamnesis que incluya la revisión de los efectos secundarios de los fármacos que toma el paciente podría suponer una importante reducción en la frecuentación a sus MAP y una importante mejora en el gasto farmacéutico. En el caso que nos ocupa, la agranulocitosis por Tirodril es una RAM rara (0,2-0,5%) pero que hay que tener muy en cuenta por el riesgo vital que implica para el paciente.

V.- PANUVEITIS INFECCIOSA, UN CASO DE LOA-LOA DIAGNOSTICADO EN URGENCIAS

S. Martínez Delgado, I. González Salvatierra, J. Callao Buatas, E. Lacruz López, L.M. Álvarez de la Fuente

HISTORIA CLÍNICA:

Paciente de raza negra de 22 años de edad, sin antecedentes de interés, que lleva 2 meses en nuestro país.

Acude a Urgencias de nuestro hospital por presentar desde hace 12 horas dolor en ambos ojos junto a disminución de la agudeza visual, lagrimeo y enrojecimiento ocular.

EXPLORACIÓN FÍSICA

En Urgencias de Oftalmología se realiza exploración ocular con los siguientes resultados: Agudeza visual en ojo dcho 6/10, ojo izdo 4/10. Segmento anterior: pupilas mióticas. Segmento medio: Pigmentos en cara posterior de la córnea y anterior del cristalino, turbidez del vítreo. Tensión ocular y fondo de ojo dentro de la normalidad.

PRUEBAS COMPLEMENTARIAS

Analítica: Sin alteraciones significativas, excepto Eosinofilia del 20%.

Rx tórax: sin alteraciones.

ECG: ritmo sinusal a 72 latidos por minuto.

Serologías de VHC, VHB, VIH, TPHA y Toxoplasma negativas.

EVOLUCION

La paciente comenzó tratamiento empírico con midriáticos y corticoides a altas dosis en pauta descendente, mejorando lentamente de su panuveitis.

A la semana se realizó una tinción de Giemsa de sangre periférica observándose gran cantidad de filarias de Loa-Loa, comenzando a su vez tratamiento con Ivermectina. Tras la erradicación del patógeno, la paciente no ha vuelto a presentar ningún episodio posterior de uveítis o afectación sistémica.

DISCUSIÓN

El progresivo aumento en el número de inmigrantes que son atendidos en nuestro país hace necesario que la formación de los médicos incluya un mínimo conocimiento de las enfermedades mas comunes en su medio.

El Loa-Loa es llamado "gusano africano del ojo". Los adultos migran a través de los tejidos subcutáneos y debe su nombre vulgar al hecho de ser más patente y doloroso cuando pasa por la conjuntiva. Su distribución geográfica afecta a Sudán y la cuenca del Congo, así como África oriental. Nuestra paciente procedía de Guinea, una región en la que es mucho mas frecuente la infección por Oncocerca, si bien el Loa-Loa es otra forma de filaria habitual en la región.

VI.- TAQUICARDIA PAROXISTICA SUPRAVENTRICULAR SECUNDARIA A LINFOMA

S. Martínez Delgado, I. González Salvatierra, J. Callao Buatas, E. Lacruz López, L.M. Álvarez de la Fuente

HISTORIA CLÍNICA

Paciente de 53 años de edad, en estudio por presentar anemia microcítica. En los últimos 3 meses ha presentado 6 episodios de taquicardia paroxística supraventricular (TPSV) que se han revertido con Adenocor 6 mg, haciéndose más frecuentes progresivamente. En la última semana, ha presentado 2 episodios, siendo el último mal tolerado y requiriendo cardioversión.

EXPLORACIÓN FÍSICA

A su llegada urgencias la paciente se encuentra hipotensa (TA 90/60), con palidez cutáneo-mucosa y sudoración fría, impresionando de gravedad.

Auscultación cardiaca: taquicardia a 150 latidos por minuto.

Auscultación pulmonar: crepitantes bibasales.

PRUEBAS COMPLEMENTARIAS

ECG: Taquicardia rítmica a 150x'.

Rx de tórax: Discreta cardiomegalia. Bioquímica: sin alteraciones.

Hemograma: Hb 11, Hto 30,9%.

EVOLUCIÓN

Dada la mala tolerancia y el aumento de la frecuencia en el número de episodios que presentaba la paciente, se solicitó colaboración a cardiología, que tras realizar ecocardiograma urgente informó de: "en región apical de VD se detecta una imagen extracardiaca que "empuja" la punta de dicho ventrículo".

Con la sospecha de episodios de TPSV secundarios a "masa" extracardiaca, se cursa ingreso en medicina interna, donde se realiza TAC y biopsia, con el diagnóstico de Linfoma No Hodgkin, tras lo que se inició tratamiento correspondiente.

DISCUSIÓN

Los síntomas clásicos del Linfoma No Hodgkin incluyen:

Tumefacción sin dolor en los ganglios linfáticos del cuello, la axila, la ingle o el estómago, fiebre sin causa infecciosa, sudoración nocturna, astenia, pérdida de peso y dolores generalizados.

En nuestro caso la paciente presentaba una masa hipodensa que ocupaba la vena cava inferior con extensión a cavidad cardiaca. Infiltración pericárdica y de pleura mediastínica y diafragmática izda, lo que provocaba los episodios de TPSV.

En cualquier caso, siendo la clínica presentada totalmente atípica, este caso es representativo de la utilidad de la ecocardiografía en el servicio de urgencias.

VII.- ROTURA DE BAZO, ¿ESPONTANEA?

I. González Salvatierra, J. Callao Buatas, E. Lacruz López, S. Martínez Delgado, L.M. Álvarez de la Fuente

HISTORIA CLÍNICA

Paciente de 59 años de edad, sin antecedentes de interés, que acude a urgencias por presentar, desde hace varias semanas, episodios de dolor epigástrico irradiado a ambos hipocondrios que se han hecho más intensos en las últimas horas, hasta impedirle conciliar el sueño.

EXPLORACIÓN FÍSICA

A su llegada urgencias el paciente se encuentra estable, con palidez mucocutánea, TA 110/70, frecuencia cardiaca de 110 latidos por minuto, afebril.

El abdomen es blando y depresible, con dolor a la palpación en epigastrio y ambos hipocondrios, siendo más intenso en hipocondrio dcho.

Ante la sospecha de posible colecistitis aguda, se solicita analítica de control, radiografía de tórax y abdomen y Eco de abdomen.

PRUEBAS COMPLEMENTARIAS

ECG: Taquicardia rítmica a 110x'.

Rx de tórax: Discreta cardiomegalia. Rx de abdomen: sin alteraciones significativas.

Bioquímica: sin alteraciones.

Hemograma: Hb 8,8, Hto 26,8%, leucocitos 13 (85% neutrófilos).

Gasometría venosa: pH 7,28, bicarbonato 20.

ECO abdominal: fina lámina de líquido perihepático con bazo gigante.

EVOLUCIÓN

Ante el hallazgo de anemia normocítica normocrómica no presente en estudio previo de hace 30 días, se solicita a hematología 2 concentrados de hematíes para iniciar transfusión urgente.

Tras valoración por hematología del informe ecográfico, se inicia estudio de anemia hemolítica autoinmune, que es negativo.

Durante este periodo, el paciente presenta un empeoramiento significativo con aumento del dolor abdominal y signos de peritonismo, hipotensión, taquicardia y disminución del nivel de consciencia (Glasgow 9-10), requiriendo monitorización y nueva analítica de control:

Bioquímica: Creatinina 3,14, urea 93.

Hemograma: Hb 6,6, Hto 26%, leucocitos 18, 92% neutrófilos).

Gasometría venosa: pH 7,06, bicarbonato 12.

Se solicita TAC abdominal con contraste urgente, que se informa de bazo de gran tamaño con infiltración de probable origen tumoral y rotura espontánea del mismo, con sangrado a cavidad abdominal.

Se realizó cirugía urgente, con buen postoperatorio, siendo trasladado el paciente a medicina interna para completar estudio.

DISCUSIÓN

La rotura esplénica espontánea es una patología grave y poco frecuente, generalmente asociada a infecciones como puede ser la mononucleosis infecciosa, y raramente como primer síntoma de una infiltración tumoral.

VIII.- GASTROENTERITIS COMO CAUSA DE INSUFICIENCIA RENAL AGUDA EN PACIENTE ANCIANO

I. González Salvatierra, J. Callao Buatas, E. Lacruz López, S. Martínez Delgado, L.M. Álvarez de la Fuente

HISTORIA CLÍNICA

Paciente de 79 años, con antecedente de diabetes mellitus en tratamiento con metformina, alérgico a penicilina y sin antecedentes quirúrgicos de interés, que acude a urgencias por presentar en los últimos 5 días deposiciones líquidas con sangre y moco, con fiebre de hasta 38,8°C.

Tolera ingesta, y no refiere vómitos en los días previos.

EXPLORACIÓN FÍSICA

A su llegada urgencias el paciente se encuentra pálido, con taquipnea de 30 respiraciones por minuto, hipotensión de 85/50, impresionando de gravedad.

Auscultación cardiaca: arrítmico a 120 latidos por minuto.

Auscultación pulmonar: hipoventilación generalizada.

Abdomen: blando, depresible, doloroso a la palpación profunda de forma difusa. Peristaltismo aumentado.

Resto anodino.

PRUEBAS COMPLEMENTARIAS

ECG: Taquicardia arrítmica a 120x', compatible con ACxFA no conocido.

Rx de tórax: Discreta cardiomegalia.

Gasometría venosa: pH 6,85, bicarbonato 9, Ex. Base –11,5, pCO_2 20.

Bioquímica: Creatinina 9,30, urea 145, potasio 5,4.

Hemograma: Leucocitos 33.000 (97% neutrófilos).

EVOLUCIÓN

Con la sospecha de insuficiencia renal aguda prerrenal, y tras la colocación de Drum para control de la presión venosa central (PVC = 3) se inicio tratamiento con líquidos, bicarbonato y aztreonam.

En la analítica posterior de control, se evidenció empeoramiento de la gasometría con pH 6,74 y bicarbonato de 10, por lo que se solicitó valoración por nefrología, que informó de probable acidosis de origen mixto (láctica por el tratamiento con metformina y por su insuficiencia renal prerrenal).

Dada la mala evolución, se realizó hemodiálisis urgente.

En la analítica posterior a la hemodiálisis, se habían corregido las cifras de creatinina a 4,37 y de urea a 75.

En esta situación, y dada la inestabilidad del paciente y la ausencia de camas de UCI en el hospital, se decide monitorización en urgencias, con control de diuresis y analítico hasta determinar el destino final del paciente.

A las 24 horas, y dada la mala evolución, con hipotensión severa refractaria a noradrenalina, ausencia de diuresis y mal control de la acidosis, el paciente es ingresado en UCI.

En UCI el paciente presentó insuficiencia respiratoria con sospecha de *shock* séptico de probable origen abdominal, pero tras control de PVC y uso de PICCO se diagnosticó de probable distréss respiratorio y fallo cardiaco, iniciando tratamiento con dopamina a dosis plenas y suspendiendo la noradrenalina.

La evolución fue satisfactoria, con insuficiencia renal residual moderada por necrosis tubular aguda secundaria a insuficiencia renal prerrenal por gastroenteritis aguda (GEA).

DISCUSION

La insuficiencia renal prerrenal es un cuadro frecuente en ancianos con GEA, si bien es infrecuente el que se asocie una acidosis láctica por metformina que provocó un rápido empeoramiento del cuadro y dificultó enormemente el tratamiento del paciente.

En cualquier caso, es interesante destacar la utilidad del PICCO en UCI para diagnosticar la causa de la hipotensión severa y de la insuficiencia respiratoria, ya que descartó el presunto origen séptico del cuadro y permitió ajustar el tratamiento.

IX.- CLINICA ATIPICA DE PRESENTACION DE TUBERCULOSIS, LA VASCULITIS

J. Callao Buatas, E. Lacruz López, S. Martínez Delgado, I. González Salvatierra, L.M. Álvarez de la Fuente

HISTORIA CLÍNICA

Paciente de 43 años, sin alergias medicamentosas conocidas, con antecedentes de Diabetes Mellitus Insulino Dependiente (DMID) y exbebedor con pancreatitis crónica residual.

Se encuentra en tratamiento con Insulina, Elorgan y Kreon.

Acude a Urgencias por presentar, desde hace 2 días, prurito en ambas extremidades inferiores, junto a artralgias en tobillos, rodillas, muñecas y codos.

El paciente refiere astenia intensa, disminución de peso y febrícula nocturna de hasta 38°C que cede con paracetamol en los dos últimos meses.

EXPLORACIÓN FÍSICA

Destaca una púrpura palpable en ambas EEIIs, junto a inflamación y dolor en las articulaciones de extremidades superiores e inferiores

PRUEBAS COMPLEMENTARIAS

Hemograma, bioquímica y Coagulación sin alteraciones significativas, exceptuando Glucemia elevada

Orina: Glucosa ++, proteínas +, cetonuria +, 3-4 hematíes por campo, 25-30 leucocitos por campo.

Rx Tórax: patrón micronodulillar

EVOLUCIÓN

Durante su ingreso en planta, se cursaron hemocultivos, urocultivos, Ag de Legionella y Neumococo en orina, serologías de VIH, VHC, VHB, siendo todos ellos negativos.

La biopsia de las lesiones de EEIIs fueron diagnosticadas de vasculitis leucocitoclástica.

El Mantoux fue indeterminado.

Ante la sospecha de posible TBC, se inició tratamiento con triple terapia y corticoides a altas dosis, desapareciendo a púrpura y mejorando el estado general del paciente.

Posteriormente, los resultados del estudio de esputo fueron positivos para tuberculosis

DISCUSIÓN

La tuberculosis es causa conocida de múltiples alteraciones hematológicas (anemia, leucocitosis, monocitosis, trombopenia, trombocitosis…), pero es raro que la enfermedad debute con clínica de púrpura leucocitoclástica. Si bien, el resto de los síntomas que presentaba el paciente (febrícula, astenia, pérdida de peso...) son típicos de la enfermedad

X.- CRISIS CONVULSIVA DE ORIGEN FARMACOLOGICO

J. Callao Buatas, E. Lacruz López, S. Martínez Delgado, I. González Salvatierra, L.M. Álvarez de la Fuente

HISTORIA CLÍNICA

Varón de 32 años, raza caucásica, que es traído a Urgencias tras presentar un primer episodio de convulsiones tónico-clónicas, con pérdida de consciencia y sin relajación de esfínteres.

No presentaba antecedentes de interés, salvo un viaje a Kenia en el mes previo, siguiendo profilaxis con Mefloquina con la dosis correcta y la pauta adecuada.

El paciente tan sólo refería ligera astenia con dolores musculares en los días previos, que cedieron con AINES

EXPLORACIÓN FÍSICA

El paciente presentaba dolor e imposibilidad para la movilización de ambas cinturas escapulohumerales, amnesia del episodio y ligera disartria.

En la analítica presentaba leucocitosis con neutrofilia, CK elevada y luxación posterior de ambos hombros.

EVOLUCIÓN

El paciente fue ingresado en el servicio de Medicina Interna con la sospecha de crisis convulsiva secundaria a tratamiento con Mefloquina.

Durante su ingreso, el paciente permaneció asintomático, y las pruebas realizadas fueron normales (hemocultivos, TAC, EEG, Gota gruesa y Rx de tórax y abdomen)

DISCUSIÓN

El aumento en el número de viajes a zonas endémicas de paludismo, y el correspondiente uso de Mefloquina como profilaxis, hace necesario el conocimiento de los posibles efectos secundarios del fármaco (náuseas, diarrea, dolor abdominal, mareos, cefalea, alteración del sueño, convulsiones, alteraciones de la visión...)

Igualmente, es importante descartar siempre una posible infección por Plasmodium hasta un año después del viaje a la zona de endemia, ya que la profilaxis nunca es totalmente eficaz, y debe ser parte del diagnóstico diferencial a realizar